Armin Täubner

Meister Lampe & seine Freunde

Kinderleichte Osterszenen aus Tonkarton

frechverlag

Von dem bekannten Autor Armin Täubner sind im frechverlag zahlreiche weitere Bücher erschienen. Hier eine Auswahl:

TOPP 2031

TOPP 1612

TOPP 2041

TOPP 1606

TOPP 2273

TOPP 2274

Fotos: frechverlag GmbH + Co. Druck KG, 70499 Stuttgart; Fotostudio Täubner

Auflage: 5. 4. 3. 2. 1. | Letzte Zahlen
Jahr: 2002 2001 2000 1999 98 | maßgebend

frechverlag GmbH + Co. Druck KG, 70499 Stuttgart

ISBN 3-7724-2294-2 · Best.-Nr. 2294

Druck: frechverlag GmbH + Co. Druck KG, 70499 Stuttgart

Kaum ist der Schnee geschmolzen, beginnen im Hasenland die Ostervorbereitungen.
Es gibt viel zu tun. Alle sind sehr beschäftigt und freuen sich auf das Osterfest. Vor allem die Hasendrillinge Tim, Tom und Tino haben eine Menge Arbeit. Und danach ist dann immer noch Zeit für ein Schwätzchen mit der Gans Frieda oder für einen Ritt auf dem Lämmchen. Wenn es schließlich soweit ist und die Ostereier für die Kinder versteckt werden müssen, dann helfen alle fleißig mit.

Auch das Federvieh ist nicht untätig und weiß sich auf mancherlei Art die Zeit zu vertreiben: Die Gans Frieda genießt auf einem Spaziergang die Frühjahrssonne, das Huhn Selma hilft beim Eierverstecken, der Hahn Friedrich bringt seiner Angebeteten eine Tulpe und tanzt anschließend mit ihr einen Tango.

Die Tiere sind kinderleicht zu basteln und lassen sich miteinander zu den unterschiedlichsten Osterszenen zusammenstellen. Verschiedene Grasflächen, Eier, der Osterhasenexpreß, ein Leiterwagen und noch vieles mehr bieten jede Menge unterschiedlicher Kombinationsmöglichkeiten.

Mach auch Du Dich auf ins Osterhasenland, und statte

Meister Lampe & seinen Freunden

einen Besuch ab!

●●● 1

Übertrage zunächst alle Teile des Motivs ohne Überschneidungen mit Bleistift auf Transparentpapier. Nun klebst Du das Transparentpapier auf einen dünnen Karton.

●●● 2

Dann schneidest Du die einzelnen Teile ganz exakt mit einer Schere aus. Das sind Deine Schablonen.

●●● 3

Lege die Schablonen auf den Tonkarton der gewünschten Farbe. Nun werden die Umrisse mit einem spitzen Bleistift sorgfältig nachgezogen.

●●● 4

Schneide die einzelnen Teile in der benötigten Anzahl aus.

●●● 5

Abschließend klebst Du die einzelnen Teile zusammen, die Vorlagen und das Foto helfen Dir beim Anordnen der Teile.
Als Augen kannst Du schwarze Klebepunkte, (ø 8 mm oder ø 12 mm), aufkleben. Mit weißen Klebepunkten werden die Hosen der Osterhasen beklebt. Diese Markierungspunkte kannst Du im Schreibwarengeschäft kaufen.
Damit die Augen lebendiger wirken, kannst Du noch mit einem weißen Lackstift auf jedes Auge einen Punkt tupfen.

• Tip • Tip • Tip •

Damit Vorder- und Rückseite gleich sind, werden die meisten Teile doppelt ausgeschnitten und in derselben Reihenfolge wie auf der Vorderseite, jedoch spiegelverkehrt, angeklebt.

Susannas neue Schleife

Ich könnte dich knuddeln!

Fränzchen hat sein Herz für niedliche Küken (B) entdeckt.

Mutti, komm mal schnell ans Fenster!

Es ist einer von den Drillingen Tim, Tom, Tino, der da am Fenster steht.

... und wer zieht mich?

Fränzchen hat sich in den Wagen gesetzt und wartet auf jemanden, der ihn zieht.

Diesmal nehme ich den Wagen

Wenn Daniel den Wagen nimmt, erspart er sich mehrere Wegstrecken mit dem schweren Rückenkorb.

Ob sechs Eier zuviel für ein Nest sind?

Das Huhn Selma hilft dem Osterhasen beim Eierverstecken auf der Wiese (Grünfläche A).

Ein Tulpenkavalier

Für wen ist diese Tulpe wohl bestimmt?
Wahrscheinlich ist Hahn Friedrich auf dem Weg zu seiner Friederike.
Ob er sie wohl zu einem Tänzchen überreden kann?

Ganz schön schwer

Toni überlegt sich auf der Wiese (Grünfläche B), ob er beim nächsten Mal nicht doch besser den Wagen nehmen soll.

Wollt ihr mir helfen, Eier zu verstecken?

Hänschen hat in die Wiese (Grünfläche C) vier Ostereier (B) gelegt, und die beiden Küken (B) halten schon nach dem nächsten Versteck Ausschau.

Der Osterhasenexpreß

Die Drillinge Tim, Tom und Tino haben den alten Lastwagen, der gerade über die Wiese (Grünfläche D) rumpelt, wieder flottgemacht. Ob er wohl noch einmal durch den TÜV kommt?
Die Hasen sind bis auf die Pfoten identisch.

Wegen zwei Eiern brauche ich keinen Korb!

Deshalb hat Daniel sein Eierbündel (Ei B) geschnürt.

Darf ich bitten?

Friedrich und Friederike haben sich dazu entschlossen, miteinander auf der Wiese (Grünfläche A) ein Tänzchen zu wagen.

Ist wirklich kein Plätzchen mehr frei?

Mäxchen hält das Küken hoch, damit es sich selbst davon überzeugen kann.

Neben Mäxchen sind hier noch das Lämmchen, einmal das Küken A und dreimal das Küken B versammelt.
Die weißen Punkte auf Mäxchens Hose sind übrigens Klebepunkte.

Wenn ich „vorwärts“ sage, dann läufst du los!

Der Hase Timo versucht sich als Reiter. Wenn das bloß gutgeht!

Schade, daß es noch keine Skateboards für Küken gibt ...

Dann wäre das Küken (B) nicht immer auf Ottos Gunst angewiesen, wenn es gerade Lust auf Skateboardfahren hat.

Es ist Zeit zum Aufstehen!

Fridolin ist hinaus auf die Wiese (Grünfläche B) gegangen und hat alle aufgeweckt.

Lauf schneller, Mami!

Das Küken (C) hält seine Mutter Resi ganz schön auf Trab.

Hast du das schon gehört?

Martin und Jan haben sich viel zu erzählen.

Weißt du schon das Neueste?

Frieda, die Gans, ist eine Plaudertasche, und Jan ist gespannt auf die Neuigkeiten, die sie ihm erzählen wird.

Hallo, wie geht's?

Martin freut sich sehr über das Treffen mit Gerlinde.

Frühlingsspaziergang

Die Gans Frieda nützt die ersten Sonnenstrahlen für einen ausgiebigen Frühlingsspaziergang. Für dieses Fensterbild brauchst Du noch die Bodenfläche und die Tulpengruppe.

Ein gutes Versteck

Ob wohl jemand diese Eier findet?
Das Fensterbild setzt sich aus der Bodenfläche, der Tulpengruppe und dem dreimal ausgeschnittenen Ei A zusammen.

Endlich geschafft!

Erschöpft macht sich die Gans Frieda auf den Heimweg (Grünfläche B).